CHEMISTRY DETECTIVE KING

化学侦探王

奇怪的少年

吴殿更

湖南教育出版社

·长沙·

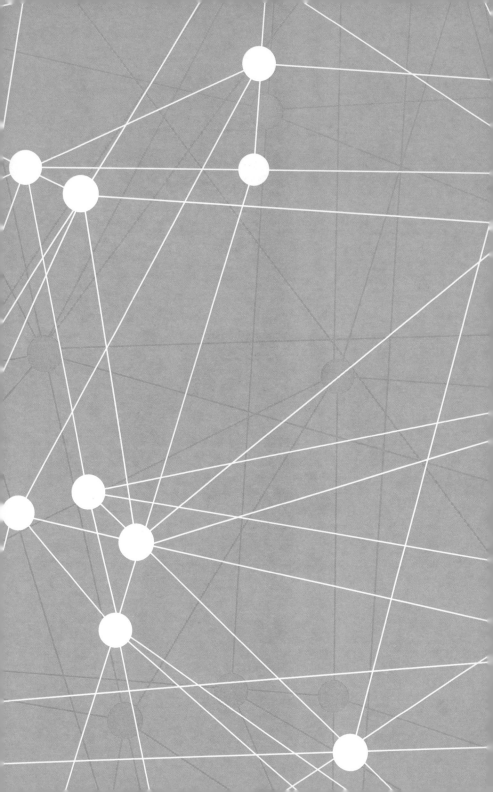

故事发生在 H 市，这是一个美丽的海边小城。主人公路建平、申筝奕和尤勇齐都是 H 市中学八年级（3）班的学生。他们因为联手解开了学校里的几个谜团，被同学们称为"少年侦探团"。上学期间，他们遇到了一个又一个离奇的案件，也由此开启了一段段惊险刺激的"破案之旅"。

路建平

少年侦探团成员。受父亲的影响喜欢研究化学，擅长透过表面现象分析事物本质。

申筝奕

少年侦探团成员。希望长大后当警察。古灵精怪的小脑袋里总有一些奇思妙想。

尤勇齐

少年侦探团成员。别看他头脑好像不灵光，却经常可以在关键时刻误打误撞得到一些意外收获。

目 录
CONTENTS

考察文物 1

清晨的太阳缓缓升起，给大地镀上了一层美丽的金边。

H市中学的校园里，传出琅琅的读书声，校园笼罩在浓厚的学习氛围之中。

八年级（3）班教室里，班主任郝厚泰老师正在上语文课《身边的文化遗产》，他声情并茂地向同学们讲述："我国是历史悠久的文明古国，在漫长岁月中，我们的祖先用他们的智慧为中华民族创造了许多弥足珍贵的文化遗产。哪位同学来回答一下，文化遗产包括哪些？"

好几位同学都举手，郝老师选了路建平。

路建平站起来："文化遗产包括物质文化遗产和非物质文化遗产。物质文化遗产是具有历史、艺术和科学价值的文物，包括古遗址、古建筑等**名胜古迹**，以及古代重要文物。非物质文化遗产是各种以非物质形态存在的、世代传承的传统文化表现形式，以及与传统文化表现形式相关的实物和场所，包括传统口头文学以及作为其载体的语言、传统技艺、民俗礼仪和节庆等。"

郝老师满意地点点头，并让他坐下，说道："路建平同学回答得非常好。我国的文化遗产是各民族**智慧的结晶**，也是全人类**文明的瑰宝**。在我们身边，就有许多优秀的文化遗产。现在我给大家布置课外作业，请全班同学自由组合，分成若干小组，各自推荐一个'文化遗产项目'。这个项目就在本市范围内寻找，大家可以实地考察，搜集资料，并撰写申请报告。下周我们举行评优比赛，在班级内召开模拟答辩会，各小组推举一位组员担任'申遗代表'进行阐述，然后大家投票评选出最佳文遗项目，获胜者可以赢得我颁发的证书和奖品哦。"

听到这个活动既有趣，又有评优和奖励，同学们个个跃跃欲试。下课后，路建平正在思考应该寻找什么样的项目，邻桌的申筝奕悄悄对他说："我们可以找张知秋伯伯，请他给我们推荐项目啊。"

路建平眼前一亮，说道："对啊，市博物馆里那么多文物，请他帮忙最合适了。"

坐在后面的尤勇齐听到他们的对话，却"切"地一声，不屑地笑起来。

申筝奕回头说："勇哥，你笑什么？"

尤勇齐说："你们找博物馆这招谁不会啊。我估计咱们班很多同学都会去那里寻找，所以推荐的项目肯定是大同小异的。要想在这次文遗项目评优比赛中获胜，我们得出奇制胜！"

路建平被他的话吸引住，回头看着他问道："勇哥，那你有什么好主意吗？"

尤勇齐神秘地一笑，压低声音对他们俩说："我爸爸有一个好朋友叫杨大易。他最近开办了一个叫易藏的私人博物馆，里面有很多特别的文物，大家肯定都没见过。咱们可以去那里找，一定能发现令人惊喜的东西。到时咱们再精心准备一份报告，保证可以一鸣惊人！"

路建平和申筝奕相互看了一眼，不由得都有些兴奋。路建平问道："那你知道这家博物馆在哪里吗？"

尤勇齐得意地说："当然知道啊。易藏博物馆平时是不对外开放的，不过杨叔叔看在我的面子上，肯定会让我们进去的。怎么样，去不去？"

申筝奕笑着说："你的面子这么大，咱们当然去啊。"

于是，三人约定周末去易藏博物馆参观考察。

放学回家后，尤勇齐给杨大易打电话："杨叔叔，我们班里要搞一个文化遗产项目的推荐评优比赛，所以这周六我想带几个同学一起去参观您的博物馆，找找合适的藏品项目，可以吗？"

电话那头传来杨大易**爽朗**的笑声："哈哈，当然没问题，刚好市博物馆的张知秋馆长也想来参观一下我的馆藏。他可是个鉴宝的大专家啊，我们都可以好好听听这位权威人士专业的讲解。"

尤勇齐高兴地说："这可太好了。"

周六的时候，路建平和申筝奕按照尤勇齐发来的定位，骑自行车来到了易藏博物馆，三个人在博物馆门口**碰**头了。

这家博物馆位于海边，规模看上去并不大，就是一栋**掩映**在绿树中的大房子，墙上长满了青苔，

爬山虎从墙垣上垂下来，整栋楼从外观上看显得有些陈旧。

一个西装革履、膀大腰圆的中年男子从博物馆里走出来，一看到他们就对尤勇齐笑嘻嘻地招手说："勇齐，快过来。"

尤勇齐招呼路建平和申筝奕一起走了过去，笑着说："杨叔叔好，我们过来参观了。"

杨大易点点头，微笑着说："好的，有位贵宾也马上到了，我们等他一会。"

他话音刚落，一辆出租车就在旁边停下，从车上下来一位五十来岁的中年男子，他个子不高，戴着一副高度近视眼镜，眼神温和，面带慈祥之色。

少年侦探团三人组都认出了他。他们赶忙迎上去，亲切地喊："张伯伯！"

杨大易微微一怔，没有想到他们居然认识。

张知秋看到是他们，也满面微笑地向他们点点头说："这么巧啊，你们也是来参观博物馆的吗？"

三人点头。杨大易笑着走过去和张知秋热情地握手："没想到这几个孩子和您认识，他们也是来参观的。欢迎您啊！张馆长，搞收藏我是个外行，还要请您多多指点呢！"

两人寒暄着，一起走进博物馆，路建平等人也跟了进去。

博物馆不大，展示的文物并不是很多，以中国历代字画、瓷器为主。少年侦探团没看出什么名堂，但张知秋拿着放大镜仔细观察，他越看越兴奋，看了很长一段时间才激动地说："杨总，您的这些藏品是从哪里搜罗来的？很多都是不可多得的珍品啊。"

杨大易颇为得意地说："张馆长果然好眼力。

这些藏品都是我这几年**陆陆续续**收购过来的。**实不相瞒**，其实我也不太懂，就知道它们很值钱，不过我还是怕买到**赝品**，所以就特地请您过来鉴定。"

张知秋点点头："以我几十年的文物鉴定经验来看，这里很多都是流落海外的珍品，具有很高的艺术价值和历史价值。比如说这幅行楷书法作品《正气铭卷》——"他指着挂在墙上被玻璃罩保护起来的一幅书法作品说道："它是沧海道人的书法作品。笔法**不拘一格**，文字结构**开合有度**，如果确为真迹的话，那这可谓是**价值连城**的国宝啊！"

杨大易闻言乐得眼睛都眯成了一条缝："这是我从国际拍卖会上拍得的，当然不会有假！"

尤勇齐仔细看着。他看到这幅字**笔势雄浑**，**苍劲有力**，**墨迹如新**，不由好奇地问路建平："这是古代人的作品，怎么看上去显得还很新啊？"

路建平说："因为古代书法家们使用的**墨汁中含有碳元素**，碳的化学性质很稳定，能让

字迹久不褪色，保存至今。"

张知秋听到了他们的对话，点头赞许道："建平说得不错，这就是中国书法作品的伟大之处，历经千年而不衰。"接着他又转向杨大易说："杨总，这款青花缠枝莲双环耳宝月瓶造型精美，线条柔和圆润，能让我仔细看看吗？"他指着一个放在玻璃柜子里的青花瓷瓶说。

杨大易爽快地说："当然可以。"

他拿出钥匙打开玻璃柜，把青花瓶恭恭敬敬地递给张知秋，张知秋小心翼翼地接过它，拿在手里仔细把玩。看得出他对这件艺术品爱不释手。

杨大易说："张馆长，我这个博物馆也是刚建成不久，您是文物保护的权威专家，您可以给我一些关于经营和管理博物馆的建议吗？"

张知秋仔细看了看博物馆四周的环境，突然脸色一变，说道："您这个地方不太适合做博物馆的选址，最好马上换个地方！"

我国的世界遗产

中国是世界上拥有世界遗产类别最全和世界自然与文化双遗产数量最多的国家之一，其中首都北京拥有 7 项世界文化遗产，是世界上拥有文化遗产项目数最多的城市。

截至 2023 年 9 月，中国已有 57 项世界遗产，其中世界文化遗产 39 项、自然遗产 14 项、自然与文化双遗产 4 项。我国世界自然遗产和自然与文化双遗产数量均居世界第一，是近年全球世界遗产数量增长最快的国家之一。

《正气铭卷》 2

杨大易先是一愣，紧接着问道："我这个博物馆建得好好的，为什么不行？"

张知秋问："这座博物馆是在老建筑的基础上建起来的吧？"

杨大易说："对啊，这是一些老旧民房改造的。博物馆嘛，都是历史的记忆，本就应该**古色古香**嘛，这样才有一种怀旧的情调。"

张知秋叹了口气，耐心地说道："博物馆是一种特殊的文化机构，**承载**着保护、展示和传承人类文明的重要责任。所以，博物馆的选址就显得**至关**

重要。你说得很对，博物馆就是历史的记忆，所以必须考虑好如何对文物进行**妥善的管理**和保护。因此，博物馆选址要考虑很多，尤其是环境因素，需要考虑空气质量、湿度、温度等，以保证文物的保存和展示效果。这个地方靠近海边，湿度大，如果文物因此而发霉，那将带来无可估量的损失。而且这里是旧民房改造，可能会存在一些**安全隐患**，这些因素对文物的保护都非常不利。"

张知秋走到墙边，用手摸了一下墙根附近的墙面，然后抬起手来，只见他的手指上沾了一层小水珠。

张知秋举手示意给杨大易看："你看，这都是水呀。"

杨大易不以为意地说："这有什么呢，有点潮湿怕什么，我多注意通风，用空调抽湿排干不就行了吗？说实话，这个地方虽说旧了点，但也是我从商业的角度考虑，**精挑细选**的地方。这周围有很多高端楼盘，它们都是一线海景房，很多高端人士都住在

这里，我这个博物馆以后主要就是面向他们开放的。这里**环境幽雅**、**古意盎然**。无论是来参观还是谈合作，这里都可以彰显我**卓越不凡**的文化品位和雄厚的经济实力。这可以为我促成更多的商业合作，也能给博物馆本身带来**源源不断**的收入。"

张知秋有些不悦，提高声音说道："博物馆的首要责任是保护和传承好历史文化，而不是考虑如何赚钱。"

这时，从馆里面走过来一个二十岁左右的姑娘。她是杨大易的女儿杨敬芳，是一名在校大学生，她今天过来是临时给爸爸帮忙的。她看到眼前这个尴尬的局面，连忙走到杨大易身边对他说："爸，张馆长可是我们国内著名的文物专家，他的意见您应该多听听。"

杨大易已经明显有些不高兴了，对张知秋说："那按照您的意见，我这满屋子的文物应该放在哪里保护更好呢？"

张知秋答道："在选好新址之前，你可以先把文物放到我们市博物馆那里。"

杨大易闻言更是**勃然变色**，他强忍怒气，扭头对女儿说："芳芳，爸爸约了个客户有事要谈，接下来你来负责接待张馆长和勇齐他们吧——张馆长，不好意思啊，我有点事先走了，你们继续四处看看吧。"

还未等张知秋回应，他就转身走向馆门口，推开门径自**扬长而去**了。

杨敬芳望着他叹了口气，抱歉地对张知秋说："张老师对不起啊，我爸就是这脾气。这几年生意做得顺利，赚了些钱，就**目空一切**了。他总觉得自己做什么都是对的，听不进半点不同的意见，您可千万别介意啊。"

张知秋宽厚地笑笑，摆摆手说："我当然不会介意。你爸爸是个商人，站在商业的角度去考虑问题自然**无可厚非**。不过文物保护向来是件大事，

千万**不可等闲视之**，所以希望你们慎重对待。"

杨敬芳连连点头："好的，好的，我正好有一些问题想向您请教。请您先到里面的嘉宾室去坐坐吧。我给您准备了一壶上好的大红袍，咱们边喝茶边聊。"

张知秋点头同意。杨敬芳又转头对尤勇齐他们说："勇齐，我听我爸说你们来馆里是想找藏品参加班里的文化遗产项目评选是吧，那你们先自己慢慢看吧，姐姐就不陪你们了。"

尤勇齐点头笑嘻嘻地说："好的，谢谢芳芳姐。这博物馆里的藏品实在太棒了！我们要是能找到一个好项目，绝对可以拿全班第一，顺便也可以替咱

们易藏博物馆宣传一下。"

杨敬芳**嫣然一笑**，引着张知秋往里面走了。

路建平三人继续参观博物馆，这里**琳琅满目**的展品看得他们**眼花缭乱**。

申笋奕说："要不我们还是重点看那个《正气铭卷》吧，刚才听张伯伯介绍，我觉得这幅书法一定是一件**稀世珍品**，完全可以作为我们组的'申遗'项目。"

尤勇齐也点头说："杨叔叔说这是从国际拍卖会上购得的，说明这是一件从海外回归的珍宝，**来之不易**，一定特别珍贵。"

路建平也表示赞同，于是他们返回那幅书法作品的展位上，认真仔细地观察揣摩。

尤勇齐注意到书法作品上有不少红色签章，他问路建平："这些印章看上去依然鲜艳红润，也是因为含碳的缘故吗？"

路建平摇摇头，说道："不是，这是因为**红色**

印泥含有朱砂，其中主含硫化汞矿物。
朱砂是一种传统的红色颜料，常用于中国传统绘画
和书法中。它由朱砂矿石研磨而成，具有鲜艳的红
色和良好的光泽，也是一种化学性质稳定的物质，
所以直到今天依然不褪色。"

尤勇齐连连点头，举起手机想对这幅书法拍照。
他觉得室内光线有点暗，想打开闪光灯，路建平见
状急忙制止他："博物馆里不能开闪光灯！"

尤勇齐不解地问道："这是为什么？"

路建平解释说："闪光灯会产生强烈的光线，
对文物可能造成损害。闪光灯发出的红外线具有热效
应，会破坏纺织品纤维，还会促使染料和颜料发生

改变，导致文物褪色。而且光为氧化反应提供了能量，会加快氧化的速度，这对古代织物、绘画等易受光线损伤的文物伤害很大。"

尤勇齐赶紧把手机的闪光灯调至关闭状态，他吐了吐舌头说："化学家，幸亏有你在旁边指点，不然我就犯了大错了。"

三人又认真观察了一段时间并做好了记录，还为查找这幅作品的"前世今生"，搜集整理相关的图片、文字和视频资料，做了详细的分工。最后他们决定由申筝奕作为小组的"申遗代表"去做汇总和最终的阐述。

商量好这些分工后，尤勇齐去向杨敬芳告辞。杨敬芳听说他们选了《正气铭卷》作为文遗项目的申报作品也很高兴，说道："这可是我们的镇馆之宝，你们可得好好宣传呀。"

尤勇齐兴高采烈地答应了，说道："放心吧，芳芳姐，保证给你拿回一个红彤彤的荣誉证书！"

流落海外的中国文物

因为文化交流、战争的掠夺以及文物的盗掘走私，我国有千千万万的国宝甚至是绝世珍品流落海外。

据联合国教科文组织不完全统计，在全世界47个国家218家博物馆中，中国文物数量达167万件，而散落在海外民间的中国文物更是不计其数。大英博物馆是收藏中国流失文物最多的博物馆，目前收藏的中国文物多达2.3万件。

新中国成立至今，我国通过各种途径追索流失的文物，成功促成了300余批15万余件流失海外的中国文物回归。

火灾突至 **3**

周六一大早，尤勇齐和申筝奕二人约好了到路建平的家里拟写申遗报告。

"叮咚！"清脆的门铃声打破了清晨的宁静。

"来了！"路建平打开了房门。

"唉哟，化学家，你在屋里~~磨磨蹭蹭~~干吗呢？这么半天才开门！"尤勇齐在门被打开的一瞬间**挤进**了房门。

"勇哥，懂点礼貌行不行，有那么着急吗！"申筝奕笑着说道。

"我这不是太想念我们亲爱的化学家吗？"尤

勇齐在客厅里转了一圈问道，"今天叔叔阿姨都不在家吗？"

"勇哥，你算了吧！我现在跟我爸在一起的时间都没有跟你们待的时间多，还想念什么呀。"路建平拿尤勇齐没办法，接着说，"我爸妈今天都要加班，所以目前只有我一个人。"

"哎呀，那可太幸福了！"尤勇齐说着便**大马金刀**地坐在了沙发上。

"好了，见面就贫，你们还写不写申遗报告了？"申筝奕白了二人一眼，便在书桌上摊开资料，准备**大干一场**。

"得嘞，开工！"尤勇齐一拍大腿便拉着路建平一起走了过去。

时间过得很快，一转眼就到了午饭时间。路建平为他们做好午饭，三个人开始吃起来。

路建平坐在沙发上，顺手打开了电视，首先映入眼帘的是《午间新闻播报》节目——"今天上午，

本市的一所民房突然发生火灾。据悉，这是一家民间博物馆，收藏有很多珍贵的文物。经消防人员奋力扑救，现场的明火已经扑灭。起火原因正在调查之中……"

随着播音员的讲解，画面中出现了一座已经被烧得**黑漆漆**的建筑。路建平三人一见不由**大惊失色**。这说的不就是杨大易叔叔的易藏博物馆吗？怎么会突然着火了呢？三个人确定了一下眼神，都顾不上吃完饭，便开门跑了出去。

三人骑着自行车，一路**快马加鞭**地赶到易藏博物馆。

此时，大火刚被扑灭，烟雾在空气中飘散，四周弥漫着浓厚的灰尘和烧焦的味道。

他们三个人走近看时，往日古色古香的建筑已经不复存在，取而代之的是被浓烟熏黑的房子孤零零地矗立在那里。

路建平一行三人默默凝望着眼前的这一切，心情异常沉重。一股难闻的气味飘了过来，他们不禁纷纷捂住了口鼻。

尤勇齐皱着眉头，问路建平："这都是什么味啊，这么难闻。"

路建平回答道："火灾会产生大量的一氧化碳。一氧化碳是一种无色、无臭、无刺激性的有毒气体，它一般是由各种建筑木材、爆炸物质等不完全燃烧产生的。人一旦吸入过多一氧化碳，就会在不知不觉中造成组织窒息直至死亡。燃烧时还会产生其他气体，包括二氧化碳、二氧化硫之类的，大多都是有毒气体，所以我们要多加小心。"

申筝奕注意到不远处有个中年男子站在那里双

手下垂，**一动不动**地呆望着博物馆，口中还**喃喃自语**："完了，全完了！"

几个人慢慢走过去一看，是博物馆负责人杨大易。尤勇齐一改往日的**大大咧咧**，轻声问道："杨叔叔，这到底是怎么回事啊？"

杨大易看到是他，不由长叹了一口气："是勇齐啊。唉，我也不知道怎么回事，我正在跟客户谈事，突然有人给我打电话说博物馆失火了，我顿时**大吃一惊**，连忙赶了过来，发现火势已经蔓延开来，消防队的救火车也迅速赶过来灭火。幸亏救得及时，火很快就被扑灭了。那里面可都是我多年的心血呀！"

申筝奕也问他："杨叔叔，您认为是什么原因造成的火灾呢？是人为的还是其他原因？"

杨大易摇摇头："我不知道，刚才已经有消防队的人找我做笔录了。"

路建平看着博物馆，一直**思索**着，这时抬起头来问杨大易："火灾发生时，博物馆里有人吗？"

杨大易摇摇头："没人。我这个博物馆其实还没有正式对外开放，平时也就只有我和芳芳过来看看，火灾发生时我正在公司的办公室里和客户谈事情。"

尤勇齐问道："那芳芳姐呢，她也不在吗？"

杨大易回答："芳芳的学校今天有个联谊活动，所以昨天她就回学校去了。"

路建平说道："这么说，当时博物馆里就是空无一人了。对了，这次火灾造成的损失大吗？"

杨大易**痛苦地闭上眼睛**说："我不知道，消防队到现在都不让我进去呢。都烧成这样了，损失能不大吗？！"

尤勇齐紧接着问："沧海道人的那幅《正气铭卷》，还安全吗？"

杨大易一惊，顿时大喊一声："哎呀！我的《正气铭卷》！这可是我的镇馆之宝呀！"

正在杨大易急得团团转的时候，消防人员告诉他现场的火已经熄灭了，事主可以到现场去清点

东西。

杨大易向附近的消防队员借了一个防毒面罩戴上，就往博物馆里**冲了进去**。

过了好一阵，杨大易才出来，他摘下面罩，**脸色苍白**，一屁股坐在路边的石阶上，痛苦失神地说道："完了，不见了，那幅字没有了……"

路建平看了大家一眼，走过去问他："杨叔叔，不见了是指什么？被火烧没了，还是——"

杨大易打断了他的话，**一跃而起**大喊道："不！不是被烧了，而是被盗了！我要报警，我要报警！"

他的大喊大叫引起了消防队员的注意。一位年轻的消防员走过来，先给他敬了个礼，然后说道："您好，我是市消防救援支队专门负责火场勘验的，我叫卢文浩，请问您是这家博物馆的负责人吗？"

杨大易**忙不迭**地点头："对对对，我就是这个博物馆的馆长，我叫杨大易。"

卢文浩问道："杨先生，刚才听到您说要报警，

请问您又有什么新的发现吗？"

杨大易点头说道："我有一件重要文物不见了，而且我可以肯定它不是被烧了，而是被盗了！"

卢文浩问："您为什么这么肯定呢？"

杨大易**斩钉截铁**地说："因为这件文物是被玻璃罩保护着的，我刚才过去看了，玻璃罩虽然有火烧的痕迹但**完整无缺**，然而里面的文物却不见了，所以肯定是被偷了。"

卢文浩说："刚才我们已经搬出来不少文物，那有没有可能是在那里？"

杨大易依然很肯定地说："不可能，因为只有我有玻璃罩的钥匙，你们是搬不走的。"

卢文浩想了想，问道："您既然怀疑文物被偷了，那您有什么怀疑对象吗？比如有什么仇人，或者对您这件文物很感兴趣的人。"

杨大易闻言低头**冥思苦想**。

忽然，他抬头大喊道："我知道了，有一个人

有重大作案嫌疑，这个人就是 H 市博物馆馆长张
知秋！"

谜题

1 杨大易为什么肯定《正气铭卷》不是被烧了而是被盗了？

2 杨大易为什么怀疑是张知秋偷走了《正气铭卷》？

登门问罪 4

路 建平等三人听到杨大易的怀疑对象居然是张知秋，不由都**大吃一惊**。

申筝奕急忙说道："杨叔叔，您肯定是搞错了。我认识张伯伯很久了，他是一个非常**善良正直**的人，绝对不会做坏事的。"

卢文浩抬手示意申筝奕先别说话："这位同学你先等一下——杨先生，您认为这个张知秋有作案嫌疑，根据是什么？"

杨大易回答道："根据有两点：第一，他见过我收藏的这幅书法作品，还说它是**价值连城**的稀世珍宝，流露出强烈的兴趣。不，是企图占为己有的贪欲！还有第二点，他认为我这个博物馆选址不好，建议我把藏品先放到他们市博物馆那里，我当然一口否定他了，为这个我们还差点吵起来。哼，就凭这两点，我就有理由认为他对我的拒绝怀恨在心，所以连夜过来偷走了我的镇馆之宝，还顺便放了一把火企图毁灭罪迹。唉，我一直以为他是鉴宝的权威专家，才邀请他过来指点，没想到竟是引狼入室，真是知人知面不知心！"

"您别乱说，张伯伯他绝对是个好人！"申筝奕又忍不住争辩起来。

卢文浩微笑着止住她，对杨大易说道："这些都只是您的猜测，并不能成为嫌疑人犯罪证明的有力证据。不过您既然有所怀疑，我们肯定会与警察署一起，对这次火灾事故展开深入的调查。这点也请您放心，如果这真是一起人为的纵火盗窃案，我们一定会把真凶缉拿归案的！"

卢文浩向他敬礼告辞后继续去勘查现场了。杨大易望着他离去的身影，**喟然长叹**，眼眶不禁有些发红。

路建平望着他，忽然说道："杨叔叔，您既然这么怀疑张伯伯，说明他必有可疑之处，我们一起去和他当面对质好不好？"

申笭奕和尤勇齐不由一愣，望着路建平，不知道他**葫芦里卖的什么药**。

杨大易想了想，气呼呼地说："好啊，当面对质，我还怕了他不成！虽然我现在手头确实没有什么证据，但我可以去搜集发现。走，咱们一起去市博物馆，我倒要看看他敢不敢挺直胸膛面对我！你们给我做个见证！"

申笭奕翻了翻白眼，说道："这个时间点，博物馆肯定已经下班关门了，你去只能吃个**闭门羹**。"

杨大易刚要迈开腿走，闻言顿时止住了，**悻悻地**说道："说的也是，我都气糊涂了——那我该怎

34

么找他，等明天他上班吗？"

路建平悠悠地说："现在找也行，我知道他家在哪。"

申笨奕和尤勇齐一起瞪大眼睛望着路建平，实在不知道他到底想要干什么。

杨大易大喜，喊道："太好了！咱们这就出发！你们把自行车先放在这里，坐我的车一起走。等确认那家伙是元凶后，叔叔请你们吃饭！"

于是，路建平他们坐上杨大易的车，迅速来到张知秋家。

张知秋家在一栋老式的住宅楼里，没有电梯，等他们一口气爬到张家所在的 6 楼时，都感到有些疲惫，尤其是杨大易和尤勇齐，更是累得气喘吁吁。

他们走到 608 室，路建平轻轻敲门。

门开了，露出了张知秋那张清瘦的脸。他看到是路建平他们，脸上顿时露出了笑容："是你们啊，快请进。"

他们一起走进了屋子，里面的空间并不大，他们一进去，顿时感觉屋子被塞得满满当当的了。

屋里很乱，四处杂乱无章地摆满了各种文物、藏品和考古类的书籍。客厅里摆着一张陈旧的皮沙发，几乎没有什么像样的家具和家电。

路建平和申筝奕都是他家的常客，尤勇齐和杨大易都是第一次来，看到如此简陋甚至有些寒酸的布置感到非常吃惊。尤其是杨大易，在他的想象中，馆长的家应该是雕梁画栋、宽敞明亮的。

杨大易本来打算一上门就兴师问罪的，看到眼前的这一切，竟然有些口吃起来："张馆长，您，您就住在这儿啊？！"

张知秋微笑着说："是啊，住这儿很多年了，这里离我们博物馆很近，上班方便，走几步路就到了。"

尤勇齐看到他手里拿着一个白色的石块，好奇地问他："张伯伯，您手里拿的是什么？"

张知秋说："这是石膏，主要化学成分是**硫酸钙**。石膏是一种用途广泛的工业材料和建筑材料，它可以对破损的瓷器、陶器等文物进行填补和粘接，这样可以增加文物的稳定性和完整性，从而达到展览的要求。"

申筝奕也饶有兴趣地问："张伯伯，那像古代书画作品之类的文物应该怎么修复呢？"

张知秋说："古代书画作品的修复首先需要用**热水**或高锰酸钾溶液清洗，以便除去因年代久远或保存不当而产生的表面霉斑等污渍。然后通过揭心、补缀、托心、全色与接笔等工艺，最后进行装裱，一幅书画作品就修复完成了。"

他边说边引导几个孩子看他摆在长桌上的一幅

正在修复的古代绘画作品。路建平他们认真地看着，不时发出**由衷赞叹**。

张知秋看到杨大易站在旁边**一言不发**，便问他道："杨总，上次我关于易藏博物馆迁址的建议，你考虑得怎么样了？"

杨大易正要回答，这时他的手机响了。他接通电话，话筒里传出女儿杨敬芳焦急的声音："爸，咱们博物馆遭遇火灾了是吗？损失大不大？"

杨大易**长叹一声**说道："怎么能不大呢！我那幅花了很大代价才买到的《正气铭卷》被人偷走了。"

他沉痛地闭上眼睛，没想到手机里杨敬芳却说："爸，您搞错了吧，《正气铭卷》应该没有丢！"

青铜器是怎么修复的？

你知道一件支离破碎的青铜器是如何修复的吗？

1. 碎块整理：先拼对出器物的大形，然后将剩下的碎块进行填充拼对。

2. 去锈：去除青铜器上的锈蚀和污物，常用的方法有机械法和化学法。

3. 整形：使用台钳等工具将变形的青铜器碎块恢复到原有的形状。

4. 焊接、粘接：用锡焊法或粘接法对青铜器进行连接、拼对。

5. 补配：用化学以及3D打印的方法补配残缺部分。

6. 作色：用无水乙醇调和虫胶漆，调出与青铜器表面锈蚀接近的颜色并修复。

重见天日 5

杨大易听女儿说《正气铭卷》还在，简直不敢相信自己的耳朵，瞬间，**一股巨大的狂喜席卷了他。**

张知秋没有听到杨敬芳的话，听到申筝奕他们说有火灾，不由大吃一惊，说道："什么？易藏博物馆被烧了？《正气铭卷》又是怎么回事？"

一旁的路建平赶忙跟他简单讲了一下易藏博物馆的情况，张知秋一脸严肃地听着，边听边连连叹息。

张知秋**无比惋惜**地说："那么多难得的艺术珍品，竟然遭遇火劫，真是太可惜了！"

杨大易放下电话,脸上呈现出**悲喜交加**的神情:"我女儿说《正气铭卷》还在!我得马上回博物馆看看!"

众人一听,都纷纷要跟着去。

张知秋也说:"我放心不下那些文物,也去看看吧。"

于是,一行人匆匆赶往易藏博物馆。此时,天慢慢黑了。

杨敬芳已经在门口等着了。杨大易一见到她就**劈头盖脸**地责问道:"你这丫头,把《正气铭卷》放哪儿去了?怎么不告诉我,害得我都要吓出心脏病来了!"

杨敬芳**嘟囔**着说:"我不是故意要瞒着您的,是张老师建议我先把它收藏起来的。"

杨大易一愣:"张老师?"他不禁回头看了一眼张知秋。

张知秋点点头微笑着说:"是的,因为那天

我看到博物馆里湿度比较大，就建议小芳先把那些字画和最珍贵的文物收起来以免受潮。尤其是那幅《正气铭卷》，更得小心地妥善保管。刚才我听到博物馆着火了也非常震惊，看来冥冥之中自有天意，这幅珍宝不该经历此劫啊。"

杨大易长长舒了一口气，但还是忍不住抱怨了女儿两句："我这几天业务忙，没有时间来博物馆，你就背着我弄这些，也不跟我说一声。"

尤勇齐有些忍不住了："杨叔叔，你别怪芳芳姐了，要不是她提前把藏品收起来，现在那幅字画说不定早就烧成灰烬了。"

杨大易的脸上终于露出了点笑容，点点头说："还是勇齐说得对。芳芳，《正气铭卷》现在在哪？"

杨敬芳说："我放到地下室了。这次火灾烧的主要是上层建筑，应该对地下室没有影响。"

杨大易一挥手，迫不及待地说："走，看看去。"

在杨敬芳的引领下，众人走到了地下室。这里

果然没有受到上层火灾的影响，依然保持**干净整洁**的状态。由于在装修时全馆都安装了除湿系统，这里感觉比外面干燥得多。

杨大易看到那些最珍贵的文物都完好无损地摆在架子上，不由得松了一口气。他又看到一张长桌上摆放着几个樟木箱，以前没有见过，于是问道："这几个木箱子是哪来的？"

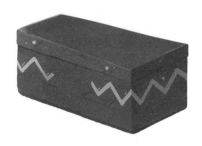

杨敬芳答道："是张老师送给我们的，他说这种樟木箱对保护字画一类的文物作用很大。"

尤勇齐扭头问道："张伯伯，樟木箱为什么有这个作用呢？"

张知秋说："因为樟木中含有**樟脑**，它是一种有机化合物，可以**吸湿**、**消除异味**。同时，它还可以起到杀虫、火蚁、防蛀等作用。海边空气湿度比较大，字画极易遭受霉菌侵害，所以装在樟木箱里可以起到很好的保护作用。而且箱子还应尽量远离地面，以免湿气进入木箱内。"

杨大易**充满感激**地向张知秋点点头，他**轻手轻脚**地打开樟木箱，慢慢展开用旧报纸包裹好的一幅幅书画作品，过了一会，那幅书法珍宝《正气铭卷》终于出现在他们面前，仿佛一颗蒙尘的明珠**重见天日**。

杨大易手捧长卷不由咧开了嘴，一种**失而复得**的喜悦之情油然而生。

他望着张知秋，**惭愧**、**敬仰**、**感激**等情绪涌上心头，他很不好意思地低声说道："这次真是多亏了您，谢谢您，张馆长。"

张知秋却没有**自鸣得意**，而是又看了看四周的环境，颇有些忧虑地说："这里虽然干燥些，但也不是保护文物的好地方，最好还是转移，避免纸

张的酸化。"

　　杨大易一愣，问道："什么是纸张的酸化？"

　　张知秋随手在箱子里拿起一张旧报纸，轻轻打开展示给大家看："你们观察一下这张旧报纸，是不是脆脆的，仿佛一碰就要破似的？其实，这是纸里的'酸'惹的祸。"

　　尤勇齐好奇地问："纸里有酸？"

　　张知秋点点头，解释说："我们常用的纸张主要由纤维素构成，而油墨、空气中的二氧化硫、霉菌等外界因素会带来酸性物质，这些酸性物质渗透到纸张里会加速纤维素分解，致使纸张发黄发脆，严重时轻轻一碰，记载重要史料的纸张就可能成为一地碎屑。"

　　听到纸张酸化有如此严重的后果，众人不由暗暗吃惊，杨大易更是张大了嘴巴。

　　张知秋接着说："纸张酸化具有持续性和不可逆性。更要命的是，纸张酸化还会'传染'，

酸性因子会随着纸中的水分扩散，'传染'给其他纸张。"

杨大易赶紧问道："那遇到这种情况，我们该怎么办？"

张知秋说道："为了延长纸张寿命，就需要'脱酸'处理。**纸张脱酸**就是通过酸碱中和使纸张的 pH 趋于中性。现在我们博物馆已经采用了'雾润''渗润'等各种新脱酸技术来保护书画类的文物。杨总，为了保护好这些文化瑰宝，我建议您还是先把幸存的藏品暂时转移到市博物馆，我们可以帮您保管和进一步**妥善处理**。"

杨大易**忙不迭**地连连点头："好的，我都听您的。"

张知秋惦记着那些已经损毁的文物，对杨大易说："我们上楼去看看那些遭遇火劫的文物吧，我看看还能不能抢救一些回来。"

杨大易喜道："您有办法？太好了，那我们去

看看吧。"

他们来到楼上，地上满是损毁的碎片残屑。

张知秋随手捡起一个摔到地上碎成好几块的瓷器，他认出正是前几天他看到的青花缠枝莲双环耳宝月瓶。

他**叹了口气**，心疼地告诉杨大易，已经被烧毁的字画肯定没有办法再复原了，值得庆幸的是那些破碎的瓷器是可以修复的。杨大易听后非常兴奋，连忙安排员工把碎块清理出来送到市博物馆。

天色渐晚，张知秋与孩子们起身告辞。杨大易站在博物馆门口向他们**挥手告别**，充满内疚地对杨敬芳说："张馆长真是个大好人，我还一度怀疑他，

真是太不应该了。"

杨敬芳回应道:"是啊,人家是一位**正直可靠**、有良好**职业操守**的专业人士。所以,您还是要多听张馆长的意见。"

杨大易缓缓点头,陷入沉思。

谜题

③ 博物馆经历了火灾,为什么《正气铭卷》没有被烧毁?

④ 张知秋为什么建议杨大易把文物转移到市博物馆?

火场寻踪 6

尤勇齐回到家，妈妈顾泉佳有些不高兴地说："勇齐，你怎么这么晚才回来啊！赶快洗手，爸爸妈妈都在等着你吃饭呢。"

尤勇齐放下书包，洗完手坐到餐桌旁，开始大口大口地吃饭："好饿啊。我刚才去杨叔叔那里了，他的博物馆遭受火灾了，损失了不少文物。"

正在吃菜的爸爸尤达丹闻言道："是呀，我在新闻里看到了。我以前就提醒过老杨，投资时要注意这些老旧民房的安全风险。可他就是不听，现在果然出问题了。唉，这个杨大易啊，就是喜欢**附庸风雅**。

他做生意还行，却突发奇想搞什么博物馆，自己对这个又一点都不懂，这不是**费力不讨好**吗？"

顾泉佳却瞪了尤勇齐一眼，说道："你是不是又跟路建平和申筝奕一块去现场了？"

尤勇齐**摇头晃脑**地说："真是**知子莫若母**啊，没错。"

顾泉佳轻轻地拍了一下他的脑门："你少跟我贫嘴，现在学习这么紧张，妈妈恨不得你每一分钟都捧着书本看，你别一天到晚跟他们疯跑去搞什么破案啊，这叫不务正业。"

尤达丹却说："儿子，爸爸支持你啊。学习固然很重要，但参与社会的历练也必不可少。爸爸听说你之所以那么积极地去博物馆那里，是因为要参加班级一个文遗项目的评选。这样的活动很好，对你也是一次很好的锻炼和提高。现在火灾原因找到了吗？是人为还是自燃？"

尤勇齐摇摇头说："还不知道，消防队还在那

里勘查呢。"

尤达丹说道: "火场勘查是个非常专业的事情, 你们如果想破案, 要多去实地调查, 这不是拍脑门就能解决的。"

尤勇齐点点头。顾泉佳却喝道: "尤达丹, 你不愧是'尤大胆'! 儿子胡闹, 你也跟着乱来。好好吃饭, 别再说什么破案的事了!"

尤达丹和尤勇齐互相看了一眼, 低头吃饭不再说话了。

第二天是周日, 早上尤勇齐瞒着妈妈, 又偷偷约上路建平和申筝奕来到易藏博物馆。

他们会合的时候, 尤勇齐突然想起一个事: "化学家, 你昨天怎么那么坚决地要带杨叔叔去张伯伯家啊?"

路建平笑了笑: "因为我们都知道, 张伯伯品格高尚, 不可能是杨叔叔说的那种觊觎珍贵文物的人。但当时杨叔叔正是情绪激动的时候, 和他一味顶

53

牛是没有用的。还不如**因势利导**让他和张伯伯直接沟通。**事实胜于雄辩**，他看到就会明白自己是错怪好人了。昨晚杨叔叔不就很快醒悟过来了吗，还对张伯伯**感恩戴德**的。"

尤勇齐佩服地说："还是你厉害，懂得洞察人心。"

这时，他们发现不远处消防救援支队的卢文浩警官正在现场仔细地勘查。

申筝奕走过去，对卢文浩说："卢叔叔您好，昨天杨馆长说的那件文物其实并没有被盗，是他女

儿提前收起来了。"

卢文浩微笑着说："我已经知道了。刚才他的女儿已经来跟我解释了这个情况，谢谢你啊。"

申筝奕问他："卢叔叔，关于这场火灾，您现在有什么新的发现吗？是人为**故意纵火**还是无意中引起的火灾呢？"

卢文浩说道："我们还在调查中。对了，小妹妹，我看到你似乎有点面熟啊，好像在哪里见过，你是不是有什么亲人在警察系统啊？"

申筝奕正要回答，尤勇齐却抢着说："你说的没错，她妈妈就是**大名鼎鼎**的刑警支队长华沐兰。"

卢文浩**恍然大悟**："难怪这么眼熟，我应该是在上次警民联欢会上见过你。如果我没猜错的话，你们三个应该就是曾帮助警方破获不少案件的少年侦探团吧。真是**长江后浪推前浪，一代更比一代强**啊。"

申筝奕没想到卢文浩竟然听说过他们，不禁有些

不好意思。尤勇齐却是心中**洋洋得意**，表面却装出一副很客气的样子："哪里哪里，和卢叔叔您的**英明神武**比起来，我们不过是**小巫见大巫**罢了。"

申筝奕笑嘻嘻地说："那卢叔叔，我们帮您一起调查破案好不好？"

卢文浩也笑着说："当然好啊，还好这次火灾并不大，并没有影响到房屋的主体结构，否则我可不敢让你们进去。

路建平说："卢叔叔，这是我们第一次真正接触火灾类案件。您能不能告诉我们，应该怎样判断起火的原因呢？"

卢文浩说："简单来说，要弄清楚起火原因，首先要判断起火点。"

尤勇齐问："什么是起火点？"

卢文浩说："起火点是火灾发生和发展**蔓延**的初始部位。在火灾现场，可能有一个起火点，也可能有两个或者更多的起火点。在火灾调查过程中，

只有找到了起火点，才有可能找到真正的起火原因。"

申筝奕问道："那您找到起火点了吗？"

卢文浩说："现在还没有，昨天我们已经把外围都检查过了，没有任何发现。今天我们要对屋内进行检查。既然你们来了，我们就一起找吧。"

于是，在卢文浩的指引下，几个人一起走进博物馆仔细搜索。为了保证文物不被二次损坏，现场的文物包括瓷器、陶器之类的碎片都已经被杨大易安排人转移走了，地上只剩**一片狼藉**。

尤勇齐看着博物馆里一片**杂乱不堪**的景象，不由皱着眉头说："到处都是**乱糟糟**的，这起火点确实不好找啊。"

申筝奕瞪了他一眼说道："勇哥，你这么快就没耐心了？先听听卢叔叔教我们怎么找吧。"

卢文浩告诉他们："要找到起火点，首先要根据火场内燃烧蔓延的方向及终止线、烟熏痕迹、物品损毁情况及方向性等现场痕迹，加以科学分析，

大致判断出起火部位。"

申筝奕问："是不是烧得最严重的地方就是起火点？"

卢文浩摇摇头说："那可不一定，烧得最严重的地方往往只是可燃物堆积较多的地方，而不能证明它就是起火点。具体的起火点和起火原因要通过对现场的反复勘查询问，以及对起火部位灰烬的合理分析才能够得出。"

尤勇齐见博物馆里很多处地面和墙壁都被火烧得黑黢黢的，便问道："什么样的东西能够引起这样的火灾，用打火机可以吗？"

卢文浩说道："只要物质达到一定的着火温度就可以。"

尤勇齐好奇地问："什么是着火温度？"

卢文浩回答道："**着火温度**是指物质在一定条件下能够燃烧的最低温度。它受到物质的物理化学性质、形态、外部环境等多重因素的

影响。常见的可燃物质如木材、纸张、油脂等的着火温度就各不相同。起火并形成火灾的原因很复杂，有时候，一个点燃的小香烟头，都可以引起漫天大火。"

路建平点点头问道："您查过监控录像了吗？有没有发现有人在附近抽烟和扔烟头呢？"

卢文浩说道："我已经调阅了事发时博物馆内和周边的监控录像，发现博物馆内当时并没有人，周边也没有看到有人抽烟或点燃易燃物的迹象。有些可惜的是，博物馆刚建成，还没有对外开放，所以内部的摄像头不多。我们没有在监控中发现起火点，

只是看到屋内突然有烟，之后火势很快就大了起来。"

尤勇齐说："那就奇怪了，既然现场周边都没有人，那博物馆怎么会自己着火呢？"

卢文浩说："此前我做过一番仔细的勘查，没有发现博物馆的门窗有被撬或被砸的痕迹。所以从目前的种种迹象来看，人为故意纵火的可能性并不大。至于雷击之类的气象因素也可以排除。目前我们要重点排查物品自燃或电气故障等原因引起的火灾。"

尤勇齐问："什么是物品自燃？"

卢文浩说："物品自燃是在一定温度下可燃物在某些条件下加速氧化，达到起火温度而燃烧的现象。像动植物油、煤、干草、细碎金属等都可能发生自燃。不过我目前在这里还没发现物品自燃的痕迹。"

路建平接着他的话说："其实除了这些，还有很多化学物品也能自燃，像白磷、磷化氢、铝粉等。"

卢文浩点头说："你说的非常正确。近年来，

各种自燃事故**时有发生**，我们消防队每年都要处理近百起，所以大家在生活中也要非常注意。"

这时，走在他们前面的申笔奕指着一个地方喊道："你们看，起火点会不会在这里？"

容易引起火灾的行为

1. 烹饪时疏忽或不慎导致火灾，例如油溅到明火或忘记关闭炉灶等。

2. 电线老化、电线过载、电气设备和元件故障等可能引发火灾。

3. 香烟或烟蒂不正确处理可能引发火灾。

4. 不正确使用或维护加热设备（如电暖器、壁炉、煤气灶等）可能引发火灾。

5. 存放、使用或处理易燃物品（如油漆、烟花爆竹、压缩气体等）不当可能引发火灾。

真相揭晓 7

众人闻声都走了过去，只见那里黑糊糊地烧成漆黑一片。和别的地方不同，这里的烧蚀程度显然更黑更深，有张桌子被烧得黝黑，旁边一把转椅更是已经烧得只剩一个铁壳。

卢文浩仔细看了看，点点头说："这里有可能是起火点。"

他指着墙上和地面几处地方告诉他们："你们看，这些都是燃烧痕迹。可燃物起火燃烧不可能在同一时间里全部烧尽。火总是由某一点烧到另一点，顺着火灾的蔓延方向形成了燃烧痕迹，这个蔓延方

向的起点就是起火点。"

尤勇齐问："卢叔叔，我一直没太搞明白，火究竟是什么？"

卢文浩说："火是化学反应中的一种现象，通常由可燃性气态物质在氧气中燃烧产生。在燃烧过程中，木头、煤炭、石油之类的可燃物与氧气结合释放能量，就会产生热、光和烟雾等。"

他指着那把被烧毁的转椅说："热是以传导、对流、辐射三种方式传递的。热能随传播距离的增大而减少。离起火点近的物质先被加热燃烧，而导致烧毁程度重一些；离起火点远的物质被加热晚，烧毁程度相对轻一些。你们看，这把椅子已经烧煳了，但同样的椅子，那一把只是被熏黑了和部分被烧焦，大部分还是完整的。"

路建平他们顺着他的手指示的方向看过去，果然在不远处也有一把转椅，形状还大体完好，受损

程度比面前这把轻多了。

卢文浩接着说："其次，**热辐射**在均一介质中是以直线的形式传播热能的，所以物体受到**热辐射**的作用，受热面和非受热面被烧程度有十分明显的区别，面向起火点的一面先受热，被烧得重一些，而背向起火点的一面则轻一些。你们再看咱们面前这张桌子，一个朝向被烧得**黢黑**，和它相反的朝向则明显淡很多。"

他们看了一眼桌子果然如此。申筝奕**眼前一亮**："也就是说，这张桌子黢黑的那部分所面对的方向，就有可能是起火点？"

卢文浩赞许地说："是的，被燃轻重的程度和

受热面朝向是最典型的火势蔓延痕迹，在火灾现场勘验中，可以作为分析认定起火点的重要根据。如果这里是起火点，我们来判断一下，可能造成起火的原因是什么。"

路建平他们认真地观察着。这是一处比较**偏僻**的角落，附近没有门窗，除了一个被彻底烧毁的纸箱残骸，看上去并没有太多的可燃物，也没有发现烟头之类的引燃物。

申筝奕皱着眉头说："我感觉像是这个纸箱被点燃了引起火灾，但如果现场没有人，就不会有什么随意扔的香烟头，这里是博物馆，又没有什么危险的**易燃易爆品**，什么东西能点燃这个纸箱呢？"

路建平轻轻拨开纸箱残骸，**赫然**发现纸箱背后的墙上有一个烧焦的插座面板。他扭头问卢文浩："卢叔叔，会不会是这个插座有问题？"

卢文浩忙说："你别碰它，让我来看看。"他靠过去仔细地观察了一下，然后用电器工具把插座

面板拆卸并取了出来。

卢文浩仔细**端详**着这个被烧焦变形的插座，陷入了沉思。

路建平他们也凑近一起观看。尤勇齐问道："插座会自己燃烧起来吗？"

卢文浩回答道："正常情况下是不会的，但如果遇到特殊情况，就**另当别论**了。这个博物馆是旧民房改造的，电气线路有可能存在老化的问题。"

尤勇齐说："这可太危险了，怪不得我爸爸说海边老住宅有很多安全隐患。"

路建平闻言后**若有所思**，喃喃地说："海边老住宅，海边老住宅……"

他突然眼前一亮，抬头说："我知道了！"

众人不由得都看向了他。

路建平说："这里是海边，湿度大，当水汽在墙壁上凝结成水珠，很容易渗进插座面板里，最终可能会导致电路短路。卢叔叔，我说得对吗？"

卢文浩微笑着点头："说得不错，你可以说得更详细些吗？"

路建平说："插座面板里的金属材质主要是铜和锡。当渗透进插座里的水长期接触到电后，会逐步分解为氢气和氧气。其中的氧气能加速促进插座里的铜与锡发生氧化反应，形成两种氧化物。这两种氧化物还会在水汽的作用下进一步发生电化学反应，造成镀锡铜的锡层被严重腐蚀，电流会直接流过腐蚀和氧化的区域，从而引起电路短路，接触电阻升高，温度也升得越来越高，最后就会出现材料烧蚀、起火燃烧的情况。"

他环顾了一下四周，又说："这里是一处老旧民宅改造的，电气线路都很久没有维修更换过，一旦插座或插头藏污纳垢，积了灰尘、头发之类的，再加上潮湿水汽，就会形成一个可通电的回路，大大提升了发生火灾的可能性。"

卢文浩颔首赞道："早就听说你们少年侦探团

里有一个聪明机智的小神探，什么与化学相关的问题都难不倒他，今日一见，果然名不虚传啊。"他朝路建平竖起了大拇指。

路建平有点不好意思，尤勇齐却不乐意了，他嚷嚷道："嗨，他其实也没有那么厉害，有时候还反应特慢，显得木头木脑的呢。今天要不是申箏奕率先发现了起火点，我又提到'海边老住宅'提醒了他，他哪能这么快找到起火原因啊。"

卢文浩哈哈大笑，抚摸着尤勇齐的圆脑袋说："不错，你也很厉害，少年侦探团在一起，什么问题和困难都难不倒你们。好了，我现在把这个插座拿回去做进一步的技术分析，再对这个博物馆的整体电气线路深入调查一下，看看这是否就是造成火灾的原因。再次谢谢你们啊，少年侦探团！"

卢文浩微笑着朝他们敬了个礼，转身离去了。

路建平他们则高兴地向卢文浩挥手："叔叔再见！"

尤勇齐伸了一下懒腰，惬意地说："太好了，

我们又联手协助警方破了一个案，这下总算**大功告成**了。"

申筝奕朝他瞪了一眼，说道："谁说**大功告成**了，别忘了，还有咱们的文化遗产申遗项目！"

尤勇齐**如梦初醒**，连忙说道："对对对，你不说我又忘了，咱们赶快回去弄！"

谜题

⑤ 卢文浩是依据什么判断出起火点的？

⑥ 路建平认为起火的原因是什么？

璀璨文遗 **8**

又 是一个阳光明媚的早晨。

H市中学校园里人声鼎沸，同学们纷纷朝各自班级的教室走去。

路建平和尤勇齐一起上楼。在路过楼道一个拐角的时候，尤勇齐注意到那里摆放着两个消防灭火器，不禁对路建平说："最近我可关心跟防火相关的事情了。化学家，你知道灭火器的灭火原理吗？"

路建平点点头说："灭火器主要是用特定的气体、液体或固体隔绝氧气和燃烧物之间的化学反应，起到窒息和冷却的作用来灭火。

常见的灭火剂包括二氧化碳、干粉、氮气、泡沫、清水等。不同种类的灭火器内装填的灭火剂不一样，是专为不同的火灾类型而设。使用时要注意选用恰当类型的灭火器，以免产生反效果而引起更大危险。"

尤勇齐点头说道："这下我可清楚了。火真是个很危险的东西，我们可得千万小心，不能随意玩火，以免**酿成大祸**。"

两人边说边走进了八年级（3）班的教室。

第一节是语文课，郝老师走上讲台说道："同学们，明天是'文化和自然遗产日'，今天我们举行'我身边的文化遗产'推荐评选活动。相信同学们都已经准备好了，现在就请各小组派代表上来介

绍自己推荐的文遗项目,每位时间不要超过5分钟。"

同学们立即**活跃**起来,按照事先抽签的顺序派代表上台演讲。显然大家都做了精心准备,推荐的申遗项目都各有特色,**精彩纷呈**。

接下来就到少年侦探团了。路建平和尤勇齐相视一笑,都对申筝奕接下来的阐述充满信心。

申筝奕走上台,打开电脑里的幻灯片,**目光炯炯**地对同学们**侃侃而谈**。

"郝老师和同学们,大家好。今天我给大家带来的是古代著名书法家沧海道人的书法瑰宝——大字行楷《正气铭卷》。沧海道人敢于大胆创新,他所创造的'荡桨笔法'让笔尖随势而动,赋予了手中的毛笔更大的自由,开启了中国书法笔法的新篇章。"

伴随着她的讲解,《正气铭卷》那**刚劲挺拔**、**大气飘逸**的书法通过屏幕呈现在大家眼前。

申筝奕详细地介绍了《正气铭卷》的艺术特色和成就,然后说:"这幅书法作品的传奇性还不止

于此，它还曾数次在火场中**劫后逃生**。沧海道人辞世后几百年，《正气铭卷》藏于沧海道人后裔手中，不幸遭遇火灾，家中被大火焚烧殆尽，《正气铭卷》却幸运地保存了下来。今天，《正气铭卷》**几经辗转**后在我市一博物馆中收藏，前几天也很幸运地逃过了一场**突如其来**的火灾之劫。可以说千百年来《正气铭卷》**如有神助**，逃过了一次次致命的劫难。"

屏幕画面中出现了易藏博物馆被烈火焚烧后的惨烈景象，同学们纷纷**尖叫惊呼**，惋惜不已，而当《正气铭卷》又**完好无损**地出现在大家眼前时，同学们都情不自禁地鼓起掌叫起好来。

申筝奕说："沧海道人创作《正气铭卷》，就是为了告诉世人，做人要有精神操守，要具道德仁义之心，不**趋炎附势**，不**阿谀奉承**，要有浩然正气，历经艰险仍**巍然挺立**。所以今天我们就要学习沧海道人这种'吾心正气浩然'的精神，在

学习和生活中无惧艰险，迎难而上，战胜面前一个个拦路虎，最终到达成功的彼岸！"

申筝奕的精彩阐述赢得了同学们的阵阵欢呼声和热烈掌声。在最后的评选中，她阐述的《正气铭卷》这个作品，高票当选为最佳文化遗产项目。

路建平、申筝奕和尤勇齐喜滋滋地从郝老师手里接过了荣誉证书和奖品，回到自己的座位上刚要坐下，郝老师示意他们先等一下。

郝老师举起一封信给大家看，微笑着说："这是市消防救援支队发给我们学校的一封表扬信，是校长刚刚转给我的。信中表扬和感谢我校八年级（3）班的路建平、申筝奕和尤勇齐同学，在我市易藏博物馆因电气线路短路造成失火的案件中，积极协助警方找到火灾起火点，认真推理分析起火原因，为消防救援支队快速准确地鉴定事故发挥了重要作用，因此特地发来这封表扬信，对他们热情协助表示衷心感谢。"

　　郝老师放下信，微笑着看着路建平他们仨，接着说："在这里，我作为班主任也向路建平、申筝奕和尤勇齐三位同学表示热烈的祝贺，并号召广大同学向他们学习，学习他们这种**刻苦钻研**、**勇于实践**的精神，也希望他们，包括在座所有同学更为积极地参与各种社会实践，争取获得更大的进步！"说完带头鼓掌。

　　教室里又响起了一阵热烈的掌声。

　　面对老师和同学们的热烈鼓掌，路建平和申筝奕有些腼腆地低下了头，尤勇齐则得意地仰起头来**咧嘴大笑**。

　　空气中洋溢着欢乐的气息。

不容忽视的电气火灾

电气火灾是指由电能引发的火灾，主要发生在建筑物内，容易演变成重特大火灾事故，扑救时存在触电和爆炸危险，相对其他火灾危害性更大。

电气火灾主要由电路短路、过负荷、接触不良等线路问题和电器故障、老化等设备问题造成，还包括使用不当、疏于管理等人为因素。电气火灾在全国发生的各类火灾中占比最高，约为火灾总数的三分之一。因此，我们一定要时刻警惕，注意用电安全，千万别惹"火"上身。

若干天后……

在易藏博物馆装饰一新的新馆内，杨大易正请张知秋在嘉宾室里喝茶。

杨大易缓缓抬起头，对张知秋恳切地说："张馆长，经过慎重考虑，我决定把《正气铭卷》赠给贵馆收藏。"

张知秋一怔，微笑着问道："为什么？你现在不也是收藏得好好的吗？"

杨大易摇摇头说："要不是有您及早提点，这幅字画恐怕早就葬身火海了。所以，为了感谢您，也为了让这幅珍品得到最好的保护，我决定把它郑重地交到您的手上。"

张知秋也严肃起来："那我就却之不恭了。也请你放心，它将得到最好的保护。"

杨大易说："另外，我还有个想法，我打算发起一个让海外文物回归祖国的行动，邀请您来当首席顾问。"

张知秋眼前一亮，说道："这才是我最愿意做的事情。我们一起努力，让中国流失海外的更多文物，早点回家！"

两人相视而笑，举起茶杯一饮而尽。

解谜时刻

1 杨大易为什么肯定《正气铭卷》不是被烧了而是被盗了？

火灾后，玻璃柜完好，藏品却不见了。

2 杨大易为什么怀疑是张知秋偷走了《正气铭卷》？

他认为张知秋觊觎《正气铭卷》。

3 博物馆经历了火灾，为什么《正气铭卷》没有被烧毁？

《正气铭卷》在火灾前已经被杨敬芳转移了。

4 张知秋为什么建议杨大易把文物转移到市博物馆？

现馆过于潮湿，隐患多，不利于文物保存。

5 卢文浩是依据什么判断出起火点的？

根据被烧程度和受热面朝向的火势蔓延痕迹。

6 路建平认为起火原因是什么？

线路老化引起火灾。

图书在版编目（CIP）数据

化学侦探王．奇怪的火灾 / 吴殿更著．-- 长沙：
湖南教育出版社，2023.11（2024.3 重印）
ISBN 978-7-5539-9875-6

Ⅰ．①化… Ⅱ．①吴… Ⅲ．①化学－青少年读物
Ⅳ．① 06-49

中国国家版本馆 CIP 数据核字（2023）第 213328 号

化学侦探王·奇怪的火灾
HUAXUE ZHENTAN WANG · QIGUAI DE HUOZAI
吴殿更　著

总 策 划：石叶文化
策划组稿：胡旺　殷哲
出版统筹：朱微　谢觊颖
封面设计：曹柏光
特约编辑：卫世敏　杨帅
责任编辑：丁泽良
责任校对：崔俊辉
出版发行：湖南教育出版社（长沙市韶山北路 443 号）
网　　址：www.hneph.com
微 信 号：湖南教育出版社
电子邮箱：hnjycbs@sina.com
客服电话：0731-85486979
经　　销：全国新华书店
印　　刷：唐山富达印务有限公司
开　　本：880 mm×1230 mm　32 开
印　　张：27.50
字　　数：400 000
版　　次：2023 年 11 月第 1 版
印　　次：2024 年 3 月第 2 次印刷
书　　号：ISBN 978-7-5539-9875-6
定　　价：198 元（全 10 册）